Bibliografische Information der Deutschen Nationalbibliothek:

Die Deutsche Bibliothek verzeichnet diese Publikation in der Deutschen National-
bibliografie; detaillierte bibliografische Daten sind im Internet über http://dnb.d-
nb.de/ abrufbar.

Impressum:

Copyright © 2015 GRIN Verlag
Druck und Bindung: Books on Demand GmbH, Norderstedt Germany
ISBN: 9783668867888

Dieses Buch bei GRIN:

https://www.grin.com/document/448197

Erika Hein

Smart Metering. Chancen und Risiken intelligenter Strommesssysteme

GRIN Verlag

Hochschule für Wirtschaft und Umwelt Nürtingen-Geislingen

Fakultät Wirtschaft und Recht

Hauptseminararbeit

Smart Metering

Eingereicht von:

Erika Hein

Studiengang:

Immobilienwirtschaft

WiSo 2015/2016

Geislingen, den 02.10.2015

Inhaltsverzeichnis

Abbildungsverzeichnis

Tabellenverzeichnis

1. Einleitung

Das Smart Metering ist ein Topthema in der Energiewirtschaft und kaum ein Haushalt wird in den nächsten Jahren davon verschont bleiben. Bis zum Jahr 2020 sollen eine Umstellung bei knapp 50% der deutschen Haushalte durchgeführt werden. In Zusammenhang mit dieser Arbeit sollen die Funktionsweisen und die rechtlichen Rahmenbedingungen deutlich erklärt werden. Zudem werden die Unterschiede zwischen dem Smart Metering und herkömmlichen Stromzählern optisch sowie technisch differenziert. Um letzten Endes erfolgreich am Markt zu sein, wird die Akzeptanz der Endverbraucher detailliert analysiert. Was nun schließlich die Energieversorgungsunternehmen und Endverbraucher für Vorteile und Nachteile daraus ziehen, wird hierbei ebenfalls verdeutlicht. Ein sehr sensibles Thema stellt der Schutz der Daten der Endverbraucher dar. Der Einsatz von Smart Meter ist nicht gerade ungefährlich und für viele Hacker eine Zielscheibe, mit dem sie sämtliche Schäden anrichten können. Welche Schäden dies genau sind, wird ebenfalls in dieser Arbeit erläutert.

2. Begriffserläuterung des Smart Metering

Das Smart Metering kommt aus dem Englischen und bedeutet „intelligentes Messen". Um diese Technologie einsetzen zu können, wird ein so genannter Smart Meter benötigt.[1] „Ein Smart Meter ist laut dem Energiewirtschaftsgesetz ein Messsystem, das in ein Kommunikationsnetz eingebunden ist und den tatsächlichen Energieverbrauch und die tatsächliche Nutzungszeit widerspiegelt"[2].

Intelligent sind diese Zähler, weil sie den Stromverbrauch in Echtzeit messen und über Datennetze an den jeweiligen Netzbetreiber übermitteln, welchem dadurch die Ablesung aus der Ferne ermöglicht wird.[3] Wenn solche Maßnahmen bzw. Konzepte zu Einsparungen des Stromverbrauchs führen, bezeichnet man dies als Smart Metering.[4]

---

[1] Vgl. Aichele/Doleski 2013, S. 298
[2] Reislinger 2014, S.25
[3] Vgl. Ladewig 2011, S. 1
[4] Vgl. Fichter/Hintemann/Beucker/Borderstep 2012, S. 115

3. Rechtliche Rahmenbedingungen des Smart Metering

Das Energiewirtschaftsgesetz schreibt sowohl bei Neubauten als auch bei sanierten Wohnungen den Einbau von intelligenten Stromzählen vor. Weist ein Privathaushalt einen Jahresverbrauch größer als 6000 kWh oder ein Anlagenbetreiber mit einer installierten Leistung mehr als sieben Kilowatt bei Neuanlagen auf, ist auch für diese der Einbau zwingend erforderlich. In allen übrigen Gebäuden wird der Einbau des Smart Meters verlangt, soweit er technisch machbar und wirtschaftlich vertretbar ist[5].

4. Vergleich zum herkömmlichen Stromzähler

Laut Verbraucherzentrale Bundesverband e.V. besteht der Unterschied zwischen intelligentem und herkömmlichem Stromzähler darin, dass der Smart Meter den aktuellen Stromverbrauch jederzeit angeben kann. Beim herkömmlichen Stromzähler ist dies nur durch manuelles Ablesen möglich.

Der Smart Meter zeigt dem Verbraucher in gewünschten Intervallen ein Lastprofil an, was seine Verbrauchsdaten darstellt. Dadurch kann der Verbraucher seinen Stromverbrauch kontrollieren und effizienter gestalten, wodurch die Umwelt geschont wird.[6] [7] Des Weiteren lässt sich der Stromverbrauch gemäß der Tageszeit in einen Hoch- und einen Niedertarif unterteilen. Im Vergleich dazu bieten herkömmliche Zähler weder eine zeitnahe Überwachung, noch die Möglichkeit zur Analyse des Verbrauchs im Zeitablauf.[8]

Zudem erfassen herkömmliche Stromzähler, bei denen die Eichung zu lange zurück liegt, die Verbrauchsdaten ungenau. Dies kann beim Smart Meter nicht vorkommen.

---

[5] Vgl. § 21c Abs. 1 EnWG
[6] Vgl. Verbraucherzentrale Bundesverband e.V. (Hrsg.) 2014
[7] Vgl. Eberle 2013, Stand 14.08.2015
[8] Vgl. Eberle 2013, Stand 14.08.2015

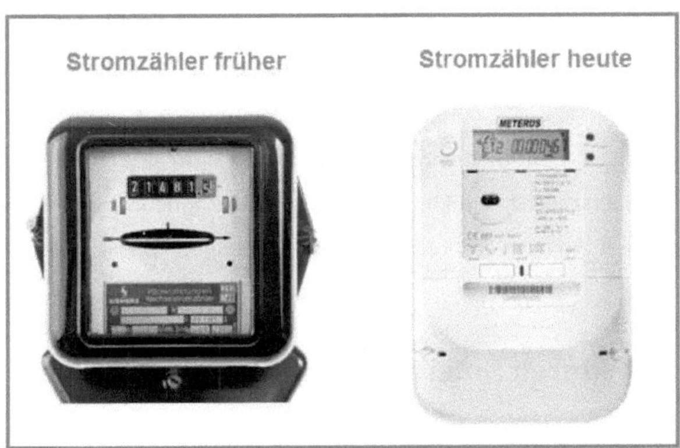

Abbildung 1: Stromzähler früher und heute[9]

Auch optisch gesehen hat sich der Analogzähler (Bild rechts), bekannt auch als Schwarzer Kasten" zum intelligenten Stromzähler stark verändert. Bei Analogzählern, handelt es sich um einen robusten, mechanischen Zähler. Dieser ist mit einer Drehschreibe versehen, die bei steigendem Energieverbrauch ansteigt.

Der intelligente Zähler (Bild links) verfügt über ein Display zur elektronischen Übertragung der Verbrauchsdaten[10].

5. Die Funktionsweise auf einen Blick

Das Smart Metering gewinnt an Informationen mittels dezentraler Informationsquellen. Umso wichtiger ist es, dass ein interaktiver Datenaustausch zwischen dem Smart Meter, dem IT-System der Energiewirtschaft und dem Verbraucher hergestellt wird. Um diese Informationen und Kommunikation optimal bereitzustellen, ist der Einsatz eines Informations- und Kommunikationssystems (IKS) mit seinen Teilsystem, für die Realisierung von Smart Metering notwendig.[11] Eine Information besteht aus Daten und die Anreicherung mit einem Kontext, welches zum Beispiel der Messwert einer Zählernummer ist.[12] Um Störungen zu vermeiden, sollten im Datenaustausch mehr Daten als Informationen, auch Redundanz genannt, übertragen

---

[9] Vgl. Schulz/Keystone/ Wikipedia
[10] Vgl. Westermann/Döring/Bretschneider 2013, S. 62
[11] Vgl. Schäfer 2014, S. 9
[12] Vgl. Krcmar 2015, S. 3

werden. Um eine Überflutung der Informationen und der daraus resultierenden Ineffizienz zu vermeiden, sollten auch nur verwendbare Informationen weitergeleitet werden.[13] Des Weiteren ermöglicht die Kommunikation den nötigen Informationsaustausch.[14] Die Aufgabe der Kommunikation besteht darin, die Informationen zwischen dem Sender und Empfänger über einen Kommunikationskanal auszutauschen. Um die wichtigsten Informationen innerhalb des Smart Metering austauschen zu können, ist der Einsatz von Kommunikationstechnik von hoher Bedeutung.[15]

6. Effizienzpotenziale durch Smart Metering

In diesem Kapitel sollen die Effizienzpotenziale aus Sicht der Marktrollen des Messstellenbetreiber, des Energielieferanten und des Endverbrauchers erklärt werden. Die Erklärung erfolgt aus verschiedenen Bereichen wie Ableseprozess, Abrechnungsprozess, Monitoring und Tarifierung. Da der Begriff des Messstellenbetreibers noch eher unerklärt ist, wird dieser erläutert.

Der Messstellenbetreiber ist der Eigentümer des Stromzählers und stellt den Einbau, Betrieb und die Wartung sicher[16].

6.1 Marktrolle Messstellenbetreiber

Für den Messstellenbetreiber wird ein automatischer Ableseprozess ermöglicht. Hierbei werden die Verbrauchswerte vom Endkunden bei einer viertelstündlichen Messung 35.040 mal im Jahr erfasst (bei herkömmlichen Zähler hingegen erfolgt die Ablesung nur einmal jährlich). Des Weiteren führt eine Automatisierung der Fernablesung zu geringeren Personalkosten, da nur noch 25% aller Ablesungen durch das Personal des Messstellenbetreibers erfolgen. Auch die Fehlerquote verringert sich, da der Verbrauch nicht mehr geschätzt wird und dafür anfallende Korrekturen der abgeschätzten Verbrauchswerte nicht notwendig sind.[17]

---

[13] Vgl. Schäfer 2014, S. 10
[14] Vgl. Voegele 1999, S. 735 zitiert nach Schäfer 2014, S. 10
[15] Vgl. Krcmar 2010, S. 329 zitiert nach Schäfer 2014, S. 10
[16] Vgl. § 3 Nr. 26 a EnWG
[17] Vgl. Ernst & Young GmbH 2013, S. 114-115

Im Monitoring entfallen die Anfahrten für das Servicepersonal, da sich aufgrund einer Fernwartung die Betriebs- und Verwaltungskosten für Messeinrichtungen reduzieren lassen. Außerdem ergeben sich Analysemöglichkeiten, um die Zuverlässigkeit verschiedener Zählertypen und der Technologie im Rahmen der Kommunikation miteinander zu vergleichen. Dies führt dazu, dass zukünftige Einbindungen berücksichtigt, Manipulationen am Zähler schneller herausgefunden und die Ursache dazu beseitigt werden.[18]

6.2 Marktrolle Energielieferant

Im Ableseprozess erhält der Energielieferant die relevanten Daten mit höherer Zuverlässigkeit, da sich beim Messstellenbetreiber die Fehlerquote durch das digitale Ablesen verringert. Des Weiteren sinken die Plausibilitätskontrollen um bis zu 50 %, da die Nachvollziehbarkeit der Ablesedaten nicht mehr geprüft werden muss.

Im Abrechnungsprozess werden 5% der Kosten je Abrechnung eingespart. Zudem kann der Energieverbrauch zeitnah abgerechnet werden, hierbei werden Kosten durch den Einsatz von E-Mails und die Vermeidung durch den Papierwerg eingespart.[19] Die elektronische Rechnungsstellung bedarf der gesetzlichen Zustimmung des Rechnungsempfängers[20] und ist gemäß dem Energiewirtschaftsgesetz monatlich, vierteljährlich oder halbjährlich anzubieten[21].

Durch die Erstellung der Verbrauchsdaten entfallen aufwendige Abstimmungsprozesse mit den Netzbetreibern zur Ermittlung der tatsächlich anfallenden Netzentgelte im Betrachtungszeitraum. Energielieferanten können bei nicht bezahlten Rechnungen eine Sperrung verordnen oder die Umstellung auf einen anderen Zahlungstyp (z.B. Prepaid) anbieten. Hierbei werden 20% Inkassokosten und 20% gerichtliche Aufwendungen eingespart. Aufgrund der digitalen Genauigkeit beim Ablesen sinken die Anfragen oder Beschwerden und somit Kosten beim administrativen Aufwand.[22]

Im Monitoring lassen sich Kundenverbräuche- und verhalten besser analysieren. Dies dient als Basis, um für den Kunden passende Tarifmodelle zu entwickeln. Anhand von Informatio-

---

[18] Vgl. Ernst & Young GmbH 2013, S. 120
[19] Vgl. Ernst & Young GmbH 2013, S. 115-116
[20] Vgl. § 14 Abs. 1 UStG
[21] Vgl. § 40 Abs. 3 EnWG
[22] Vgl. Ernst & Young GmbH 2013, S. 115-116

nen zum Verbrauchsverhalten der Endkunden, die durch die intelligenten Messsysteme gewonnen werden, lässt sich der Energiebedarf von einem Stromkunden besser prognostizieren. Dies wiederum kann zu einer Senkung der Beschaffungskosten um bis zu 6 % führen.[23]

6.3 Marktrolle Endverbraucher

In der Abrechnung wird den Endkunden eine genauere und aktuellere Abrechnung vorgelegt. Diesen wird dadurch die Möglichkeit geboten nicht nach monatlicher Abschlagszahlungen abzurechnen, sondern auf Zahlungen überzugehen, die auf dem tatsächlichen Verbrauch basieren. Durch eine Verhaltensänderung beim Endkunden sind Stromeinsparungen im Durschnitt zwischen 1% und 5% möglich. Die Einsparung an Strom variiert je nach Gestaltung des Tarifs, Geräteausstattung und Lebensgewohnheiten etc. Endverbraucher mit einem höheren Stromverbrauch weisen prozentual höhere Einsparpotenziale auf als bei den unteren Verbrauchsklassen.[24]

In der Tarifierung sind die Lieferanten gemäß EnWG dazu verpflichtet, den Endkunden last- oder tagesabhängige Tarife, soweit technisch realisierbar und wirtschaftlich zumutbar, anzubieten[25] mit dem Ziel einen Anreiz zur Energieeinsparung zu schaffen. Die Kunden haben je nach Bedarf die Möglichkeit ihren perfekten Tarif auszuwählen, der auf Ihr Verbrauchsverhalten individuell abgestimmt ist. Ihr Nutzen liegt darin, durch ihre eigenen Verbrauchsänderungen die Lastkurven zu glätten und Lastspitzen möglichst zu vermeiden. [26]

Im Monitoring bieten intelligente Messsysteme und Zähler dem Endkunden mehr Details ihrer Daten an und damit eine höhere Transparenz über seinen zeitgebunden Energieverbrauch. Mit Hilfe von entsprechender technischer Ausstattung kann der Energieverbrauch einzelner Verbrauchsgeräte eindeutig zugeordnet werden. Durch Zusendung entsprechender Tarifangebote, ist der Kunde in der Lage seinen Energieverbrauch bewusst zu steuern.[27]

---

[23] Vgl. Ernst & Young GmbH 2013, S. 120
[24] Vgl. Ernst & Young GmbH 2013, S. 117
[25] Vgl. § 40 Abs. 5 EnWG
[26] Vgl. Ernst & Young GmbH 2013, S. 118
[27] Vgl. Ernst & Young GmbH 2013, S. 119

7. Nachteile für Energieversorgungsunternehmen

Energieversorgungsunternehmen stehen mit der Einführung eines zukunftstauglichen Smart Metering System vor einer großen Aufgabe.

Unter anderem bedeutet dies, dass eine Überarbeitung fast aller unternehmensinternen Prozesse vorgenommen werden muss. Solange das Unternehmen keine Effizienzsteigerung erzielt, lassen sich die investierten Kosten nicht abdecken. Des Weiteren bedarf der Aufbau eines Kommunikationssystems für Smart Meter an qualifizierten Mitarbeitern und ist mit hohen Investitionskosten verbunden. Auch die richtige Technikauswahl gestaltet sich als schwierig, da die verfügbaren Systeme am Markt schwer miteinander vergleichbar sind und somit die Wirtschaftlichkeit eines Smart Metering kaum planbar ist.[28]

Auch die bereits vorhandene IT hat mit starken Auswirkungen durch die Zunahme an massiven Daten zu kämpfen. All diese Daten müssen anschließend übertragen, verarbeitet, gespeichert und archiviert werden. Das Risiko der elektronischen Verarbeitung liegt an Datenverlust, -manipulation oder -missbrauch. Die IT steht somit vor der Herausforderung, die Sicherheit und die Ordnungsmäßigkeit in allen Bearbeitungsabläufen der Daten zu gewährleisten.[29]

8. Nachteile für den Endverbraucher

Für die Endverbraucher wird in der Öffentlichkeit oft ein positives Bild über die Smart Metering Technologie gebildet, wobei entstehende Probleme nicht zu unterschätzen sind[30]. Endverbraucher haben allein für die Umstellung auf einen digitalen Zähler mit 200 bis 300 Euro zu rechnen.[31] Zudem müssen die Geräte alle acht Jahre ausgetauscht werden und Experten gehen von Kosten zwischen 60 und 90 Euro pro Jahr aus. Somit stellt sich die Frage, ob der Konsument durch seine Verbrauchsänderung einen solchen Betrag ersparen kann.[32]

---

[28] Vgl. Diehl Stiftung & Co. KG 2015, Stand 15.08.2015
[29] Vgl. Kurtz/Netzband/Albert/Hahn 2008, S. 9-10
[30] Vgl. Westermann/Döring/Bretschneider 2013, S. 35
[31] Vgl. Preisvergleich.de, Stand 15.08.2015
[32] Vgl. Arbeiter 2014, S. L2

Ferner müssen die Verbraucher zeitlich flexibel sein, um die billigen Stromzeiten auszunutzen[33]. Ob jedoch die gewünschten Einspareffekte für die Verbraucher zu erzielen sind, wird seitens der Experten bezweifelt[34].

Eine der größten Problematiken stellt der Schutz der Daten dar. So lassen sich beispielsweise durch die Fernablesung viel über den Lebenslauf der Haushalte erfahren, unter anderem wie viel sie verbrauchen und wann Sie zur Arbeit gehen. Für die Werbeindustrie bieten diese In-formationen über die Verbraucher durchaus Vorteile. Dies gilt ebenfalls für die Polizei, das Finanzamt oder misstrauische Arbeitgeber. Das Datenschutz und das Smart Metering sind noch nicht miteinander vereinbar, da bisher keine gesetzlichen Regelungen was den Umgang der sensiblen Daten betrifft, bestehen.[35]

9. Akzeptanz der Endverbraucher

Bei den auszuwertenden Fragebögen haben 10 Personen unterschiedlichen Alters teilgenommen.

Von grundlegender Bedeutung, bei den Endverbrauchern, ist die Frage des Bekanntheitsgrades von Smart Metering. Aus diesem Grund lautet die erste Frage im Fragebogens, ob von Teil-nehmern die Begriffe "Smart Meter" oder "intelligente Zähler" schon bekannt waren. Die Auswertung hat ergeben, dass 60% der befragten Personen der Begriff bereits bekannt war. Nachdem mit der einleitenden Frage die Bekanntheit des Begriffs ermittelt wurde, geht es in der zweiten Frage darum, ob ein Stromzähler für die Teilnehmer attraktiv ist, wenn es die in der folgenden Tabelle die aufgelisteten Funktionalitäten aufweist.[36]

Tabelle 1: Ergebnis der Funktionalitäten des Smart Meters[37]

Funktionalität des Smart Meters	ja	nein
Detaillierte Verbrauchsinformation	100%	0%

---

[33] Vgl. Preisvergleich.de, Stand 15.08.2015
[34] Vgl. o. V. 2014, Nr. 78
[35] Vgl. Preisvergleich.de, Stand 15.08.2015
[36] Vgl. Westermann/Döring/Bretschneider 2013, S. 38
[37] In Anlehnung an Westermann/Döring/Bretschneider 2013, S. 41

Verbrauchsauskünfte über einzelne Geräte	90%	10%
Ansteuerbarkeit einzelner Geräte	50%	50%
Internetfunktion, Fernauslesung	60%	40%
Alarmfunktion, automatische Abschaltung des Stroms	80%	20%

Vier Merkmale wurden deutlich über die Mehrheit der Befragten als attraktiv empfunden:

1. Die Option, den aktuellen Stromverbrauch zu erhalten, 2. die genaueren Auskünfte über ihren Stromverbrauch der einzelnen Haushaltsgeräte zu erhalten, sowie 3. eine automatische Ab-schaltung des Stroms im Falle eines zu hohen Konsums, 4. 60% der Befragten wünschten sich eine Internetfunktion, die unter anderem eine Ablesung des Verbrauchs per Fernablesung er-möglicht. 50% der Teilnehmer finden die gezielte Ansteuerbarkeit bestimmter elektrischer Geräte als weniger attraktiv.

Tabelle 2: Bewertung der Attraktivität bestimmter Funktionen[38]

Bewertung der Attraktivität bestimmter Funktionen	**ja**	**nein**
Wäre ein intelligenter Stromzähler, der Ihnen den aktuellen Strompreis und Stromverbrauch ihres Haushaltes anzeigen kann, attraktiv für Sie?	90 %	10%
Wäre ein intelligenter Stromzähler, der die Nutzung bestimmter Elektro-geräte wie z.B. Geschirrspüler oder Waschmaschine nur zu solchen Zeiten erlaubt, in denen der Strom besonders günstig ist, attraktiv für Sie?	40 %	60%

In der nachfolgenden Frage geht es um die Nützlichkeit. 90% der befragten Personen fanden die erste Funktion sehr sinnvoll mit folgenden Begründungen: 1. Kostenübersicht und Trans-parenz, 2. Energieeinsparung durch günstige Stromtarife, 3. Durch Einsparmöglichkeiten ge-lingt umweltfreundliche Ressourceneinsparung, 4. Positiver Nebeneffekt: Auf sauberen Strom

---

[38] In Anlehnung an Westermann/Döring/Bretschneider 2013, S. 42

kann durch Energieeinsparung umgestiegen werden, 5. Bewusster Umgang mit dem Verbrauch von elektrischer Energie, 6. Bewusste Auswahl der elektronischen Geräte

Lediglich einer der befragten Personen fand die Funktionalitäten eher weniger sinnvoll, da er mit seinem jetzigen System zufrieden ist und es keine Probleme aufweist. Des Weiteren wurden die Personen ebenfalls in wie weit sie die zweite Option für nützlich halten. Hier findet die Mehrheit mit 60% die Nutzung bestimmter Elektrogeräte nur beim besonders günstigen Stromtarif für weniger attraktiv mit folgenden Begründungen:

1. Minimale positive Auswirkung auf den Preis, 2. Der Stress bleibt erspart, 3. Eigener Entscheidungsspielraum ist wichtig, um auf günstigen Strom zurückzugreifen, 4. Umgehung der Speere ist mit hohem Aufwand verbunden, 5. Weniger praktisch, 6. Eine flexible Zeitgestaltung ist dadurch nicht möglich.

40 % der Teilnehmer finden es sehr nützlich mit folgenden Begründungen: 1. Einsparung von Geld, 2. Sehr Umweltfreundlich, 3. Bei vielen Geräten sehr nützlich bis auf die Waschmaschine, da die nasse Wäsche zeitnah aufgehängt werden muss.

Tabelle 3: Bewertung der Nützlichkeit ausgewählter Funktionalitäten[39]

Nützlichkeitsbewertung	ja	nein
Finden Sie es nützlich, wenn der Smart Meter Sie über den aktuellen Stromverbrauch und dessen Entwicklung informiert?	90%	10%
Finden Sie es nützlich, dass der Smart Meter variable Stromtarife ermöglicht, die preislich entsprechend der Verfügbarkeit an erneuerbaren Energie variieren?	100%	0%

Eine deutliche Mehrheit der Befragten möchte über den aktuellen Stromverbrauch und dessen Entwicklung stets informiert werden. Unter anderem liegen folgende Begründungen vor:

---

[39] In Anlehnung an Westermann/Döring/Bretschneider 2013, S. 43

1. Vorausschauender in der Zukunft, 2. Einsparung von Geld, 3. Sensibilitätssteigerung im Umgang mit Energie, 4. Stromverbrauch lässt sich gut beobachten.

Der Großteil der Befragten befürwortet eine Preiskalkulation der Stromtarife abhängig der aktuellen Verfügbarkeit an erneuerbaren Energien folgendermaßen:

1. Zeitliche Einstellung möglich, wann erneuerbare Energie verfügbar ist, 2. Die Umwelt wird entlastet, 3. Vorteile für den Nachwuchs, 4. Schutz unseres Planeten.

Einer der Befragten findet es nur nützlich, solange diese Funktion mit keiner Einschränkung im Komfort verbunden ist.

Tabelle 4: Bedenken gegenüber der Smart Meter - Technologie[40]

Smart Meter Technologie	ja	nein	Enthaltung
Technik zu kompliziert	40%	60%	
Mängel in Datenschutz	40%	50%	
Preismanipulation der Anbieter	80%	0%	20%
Zu hohe Kosten (Geräte, Umbau, Umrüstung)	60%	40%	
Grundsätzliche Zweifel an Nützlichkeit	20%	80%	
Automatisierung führt zu Kontrollverlust	10%	90%	
Sonstige Bedenken	20%	70%	10%

Laut der Auswertung haben tatsächlich die meisten befragten Personen weniger Bedenken gegenüber der Smart Meter Technologie. Am häufigsten wurden diese an ökonomischen Stellen genannt, mit der Begründung, dass die Anbieter die Preise manipulieren können. Des Weiteren liegt die Skepsis in der Höhe der Investitionskosten. An dritter und vierter Stelle wurde die technischen Reife sowie den Schutz ihrer Daten in Frage gestellt. Grundsätzliche Zweifel an der Nützlichkeit der Technologie sowie sonstige Bedenken, was beispielsweise die Wirtschaftlichkeit angeht, wurden fast gar nicht genannt. So gut wie keinen Einwand gab es

---

[40] In Anlehnung an Westermann/Döring/Bretschneider 2013, S. 44

bei der Fragestellung bezüglich des möglichen Kontrollverlustes aufgrund der Automatisierung.

Tabelle 5: Anschaffungs- und Zahlungsbereitschaft[41]

Anschaffungsbereitschaft für einen Smart Meter			Zahlungsbereitschaft (ZB) für den Einbau eines Smart Meter		
ja	vielleicht	nein	keine Antwort	Keine ZB	ZB in Euro
20%	70%	10%	40%	20%	10 € - 300 €

Entscheidend für die tatsächliche Umsetzung sind Anschaffungs- und Zahlungsbereitschaft, welche demnach von hoher Bedeutung sind. Vor diesem Hintergrund wurde die Frage hinsichtlich der Bereitschaft am Ende des Fragebogens gestellt. Dies hat gezeigt, dass die Anschaffungsbereitschaft eher weniger positiv ausfiel: Lediglich 20% der befragten Personen gaben an, dass sie zu einer Anschaffung bereit wären. Die Mehrheit der Befragten gab an, sie wäre bereit sich das Gerät anzuschaffen. 10% der Befragten entschieden sich gegen einen Kauf.

Hinsichtlich der Zahlungsbereitschaft wollen 20% kein Geld dafür ausgeben. 30% wären bereit für den Einbau durchschnittlich 130 € zu zahlen. Der Teil der Personen, die sich enthielten, begründeten ihre Entscheidung sich ein Gerät anzuschaffen, jedoch nicht dafür zu zahlen.

Tabelle 6: Häufigkeit themenbezogener Kommunikation[42]

Fragestellungen	sehr häufig	häufig	gelegentlich	selten
Wie häufig sind Ihnen im letzten Jahr Beiträge zum Thema Energie, Klima oder Umwelt in den Medien aufgefallen?	20%	40%	40%	0%

---

[41] In Anlehnung an Westermann/Döring/Bretschneider 2013, S. 45
[42] In Anlehnung an Westermann/Döring/Bretschneider 2013, S. 49

Wie oft haben Sie sich in den letzten Monaten gezielt über die Themen Energie, Energieverbrauch oder Einsparmöglichkeiten informiert?	10%	40%	20%	30%
Wie häufig haben Sie im letzten Jahr über das Thema Energie, Klima oder Umwelt mit Freunden, Verwandten oder Arbeitskollegen gesprochen?	10%	10%	60%	20%

In der letzten Frage ging es um das Thema Mediennutzung, die sich zum einen auf die allgemeine informationsbezogene Mediennutzung und zum anderen auf themenbezogene Kommunikation bezieht.

Die Ergebnisse zeigten, dass der Großteil der Befragten sich mit anderen über das Energiethema gelegentlich austauscht. An zweiter Stelle wurden sie durch die Mediennutzung mit dem Energiethema häufig konfrontiert. Gelegentlich haben sich 60% der befragten Personen eigenständig über das Thema informiert. Des Weiteren haben sich 30% der Befragten nie bzw. selten mit dem Thema auseinandergesetzt.

10. Grenzwertige Sicherheit im Rahmen der Manipulation

Um in Zukun

ft Verteilernetze flexibler zu gestalten, werden immer mehr analoge Stromzähler durch digitale Stromzähler ersetzt. Die Endkunden rechnen selten damit, dass Smart Meter Schwachstellen aufweisen, durch welche sie für Manipulationen und Spionage anfällig sind.[43]

In der Technologie wird die Sicherheit folgendermaßen definiert: "In Erfahrung gegründetes und sich bestätigendes Gefühl, von gewissen Gefahren nicht vorrangig getroffen zu werden".[44] Allerdings wollen Hacker dieses Gefühl bändigen. Nur allein durch das Eindringen

---

[43]Vgl. Bachfeld/Carluccio/Wegener 2011, S. 88
[44] Schweizer Medieninstitut für Bildung und Kultur 2008, Stand 16.08.2015

eines Gerätes gelingt es ihnen den gesamten Messstellenverbund bis hin zum Stromlieferanten auszuspionieren. Kritiker vermuten, dass dieses Problem auf die Netzstellenbetreiber zurück führt, da sie den internen Speicher nur knapp bemessen, um Einführungskosten niedrig zu halten und am Markt wettbewerbsfähig zu bleiben. Das hat zur Folge, dass Sicherheitsupgrades für die dazu verwendete Software nicht möglich sind.[45]

Das Bundesamt für Sicherheit in der Informationstechnik unterscheidet zwei Arten von Angreifern. Zum einen sind Manipulationen durch den lokalen Angreifer, zum anderen durch den WAN Angreifer möglich.

Der lokale Angreifer, hat vor Ort den direkten Zugriff auf die Infrastruktur des Smart Metering. Hier versucht er die abrechnungsrelevanten Daten des Endkunden zu manipulieren oder die Verbrauchsdaten auszuspionieren.

Der WAN Angreifer verschafft sich aus der Ferne durch das Kommunikationsnetz einen Weg in die Infrastruktur des Smart Metering. Erfolgreiche WAN Angriffe können Zugriff auf die Geräteeinstellungen- oder software erhalten, um somit die Kontrolle der Zähler zu beherrschen, was zu massiven Schäden führen kann.[46]

Der Eindringling verfolgt derzeit zwei mögliche Ziele einer Manipulation. Zum einen will er in das Netz eingreifen um die Abrechnungen zu manipulieren (Abrechnungsbetrug) oder er will sich den Zugriff in die Netzwerksteuerung gewähren, um das Netz völlig durch schädlicher Software zu sabotieren. Ebenfalls sind Erpresserversuche nicht auszuschließen, denn durch die Manipulation der Daten ist ein Eingriff in die Privatsphäre der Kunden nicht vermeidbar.[47]

[45] Vgl. red 2011, S. 7
[46] Vgl. Bundesamt für die Sicherheit der Informationstechnik 2014, S. 13-14
[47] Vgl. Saurugg 2011, S. 22

11. Ein Blick in die Zukunft

Drahtlose Kommunikationsnetzwerke in Gebäuden sind nur aus Fantasiefilmen bekannt und werden in Zukunft ein selbstverständlicher Teil unserer Gesellschaft sein.[48] Während es in Deutschland Ende 2013 gerade einmal 315.000 intelligente vernetzte Haushalte gab, werden es im Jahr 2020 voraussichtlich mehr als 1.000.000 sein.[49] Dieser Wandel soll unser Alltag in Zukunft maßgeblich erleichtern.[50]

11.1 Gebäudetechnik für intelligentes Wohnen

Das intelligente Wohnen lässt sich allein durch das Smartphone steuern. Zum einen kann der Hausbesitzer von unterwegs aus vorgeben, welche Raumtemperatur er haben möchte, wenn er Zuhause ankommt. Zum anderen kann das Smartphone aber auch ein Signal ausstrahlen, sobald der Besitzer in die Nähe des Hauses kommt, sodass Lichter und Musik angehen, die auf die jeweiligen Bedürfnisse abgestimmt sind.[51]

Dieser Traum vieler Hausbewohner wird vom "Sweet Home" zum "Smart Home" und führt auf den Begriff Gebäudeautomation zurück. Die Gebäudeautomation beinhaltet die Bestandteile des technischen Facility Managements auf Basis von Überwachungs-, Steuer-, Regel- und Orientierungseinrichtungen. Ziel der Automation ist es, Funktionsabläufe eigenständig durchzuführen und die Bedienung und Überwachung innerhalb der Räume zu vereinfachen. Um diese Abläufe zu realisieren, werden alle gebäudetechnischen Geräte mit einem Bussystem vernetzt. Um schließlich die Energiezufuhr für Licht, Wärme, Kälte und Luft zu optimieren, werden Szenarien verwendet, die auf Basis der Verbrauchsdaten erfasst werden.[52]

Zusammenfassend steht die Verbesserung der Wohn- und Lebensqualität im Mittelpunkt und soll dem Hausbewohner mehr Sicherheit und eine effizientere Energienutzung bieten.[53]

---

[48] Vgl. o. V. 2014, S. 38
[49] Vgl. o. V. 2014, S. 4
[50] Vgl. o. V. 2014, S. 38
[51] Vgl. o. V. 2015, S. 1
[52] Vgl. Siebold, H. 2009, S. 66-68
[53] Vgl. o. V. 2014, S. 4

11.2 Nachhaltiges Energiekozept - Das IBA Soft House in Hamburg

Abbildung 2: IBA Soft House[54]

Das Architektenbüro von Kennedy & Violich Architecture hat sich mit ökologischen und ökonomischen Fragestellen rund um das Wohnen in der Zukunft beschäftigt. Hierbei ist das IBA Soft House entstanden, in dem sich Natur und real gewordene Zukunftsversionen vereinen. Um das Gebäude energetisch effizient und nachhaltig zu bauen, haben sich die Architekten für eine Vollholzbauweise und drahtlose Gebäudetechnik entschieden. Über die textile Membranfassade lässt sich eigenständig Strom produzieren - somit wird das eigene Stromnetz entlastet und Bewohner sind weniger an Stromkonzernen und Energietarifen gebunden. Ein wichtiger Bestandteil des Gebäudes ist ein webfähiger Homeserver der den Bewohnern auch aus der Ferne eine flexible und energieeffiziente Steuerung bietet. Hierbei werden alle Verbrauchsdaten auf ein Laptop, iPhone oder iPad übertragen und sind von unterwegs aus jederzeit abrufbar.

Des Weiteren werden im Inneren der Wohnungen bewegliche und lichtdurchlässige Vorhänge, sogenannte Smart Curtains eingesetzt, in denen LED-Leuchten eingearbeitet sind. Der erzeugte Strom über die Membranfassade wird direkt in die Vorhänge zugeführt und bietet den Bewohnern die Funktion zur individuellen Regulierung von Wärme und Licht.[55]

₅₄ Vgl. Patrizia Deutschland GmbH (Hrsg.) o.J.
₅₅ Vgl. Patrizia Deutschland GmbH (Hrsg.) o. J.

12. Fazit

Aus dieser Hausarbeit lässt sich hervorben, dass die Smart Metering Technolgie für private Haushalte einen wesentlichen Beitrag zur Energieeinsparung leistet. Es ändert jedoch nichts an der Tatsache, dass die Umstellung auf ein Smart Metering mit sehr hohem Aufwand verbunden ist, da die Kommunikationsstrecken manuell aufgebaut werden müssen und vor der Installation der Zähler die Zertifikate aufgespielt werden. Das hat zur Folge, dass sich der Aufwand für die meisten Haushalten nicht rentiert. Des Weiteren ist zwar die gesetzliche Regelung für das Smart Metering vorhanden, jedoch fehlt es unter anderem an Standardisierung für die technische Umsetzung. Am Problematischten ist wohl eher der Verlust der Daten. Eine solche vernetzte Technologie ist meistens anfällig für Angriffe seitens Dritter. Gerade deutsche Verbraucher genießen in Deutschland ein hohes Maß an Sicherheit. Umso mehr schrecken die möglichen Szenarien an Datenverlust ab. Nichts desto trotz sollte sich jeder Haushalt selbst die Frage stellen, ob eine Umstellung auf elektronische Zähler lohnenswert ist. Wahrscheinlich kann das Smart Metering deutsche Haushalte noch nicht begeistern, denn die dazugehörigen Dienstleistungen befinden sich in Deutschland immer noch am Anfang. In Deutschland ist grundsätzlich bis 2020 mit einer überwiegenden Umstellung auf die Smart Metering Technologie zu rechnen.

Literaturverzeichnis

Aichele, Ch.; Doleski, O. (Hrsg.) (2013): Smart Meter Rollout: Praxisleitfaden zur Ausbringung intelligenter Zähler, Wiesbaden: Springer Vieweg

Arbeiter, M. (2014): 200 Millionen Euro für die neuen Stromzähler, in Salzburger Nachrichten, Nr. 78, 04/2014, S. L2

Bachfeld, D.; Carluccio, D.; Wegener, Chr.: Wer hat an der Uhr gedreht?- Sicherheit bei intelligenten Stromzählern, in c't - Magazin für Computertechnik, 23/2011, S. 88

Bundesamt für Sicherheit in der Informationstechnik – BSI (2014): Das Smart Meter Gateway. Sicherheit für intelligente Netze. URL: https://www.bsi.bund.de/SharedDocs/Downloads/DE/BSI/Publikationen/Broschueren/Smart-Meter-Gateway.pdf?__blob=publicationFile (Stand 25.07.2015)

Diehl Stiftung & Co. KG (2015): Smart Meter Operator. URL: http://www.diehl.com/de/diehl-metering/dienstleistungen/smart-metering/smart-meter-operator.html (Stand: 15.08.2015)

Eberle, D. (Hrsg.) (2013): Ein kostenloses Smart-Metering Webportal: smart-me. URL: http://www.google.de/imgres?imgurl=https%3A%2F%2Fsmartmeterblog.files.wordpress.com%2F2012%2F08%2Fmeterold.png&imgrefurl=https%3A%2F%2Fsmartmeterblog.wordpress.com%2F&h=198&w=136&tbnid=oniza6f0UrzlWM%3A&zoom=1&docid=8lSWyWloUfVdAM&ei=cSCcVevzDIaasgHLgrOgCg&tbm=isch.&iact=rc&uact=3&dur=292&page=1&start=0&ndsp=39&ved=0CEEQrQMwCw (Stand 14.08.2015)

Eiselt, J. (2013): Leitfaden und Checkliste Energiesparen für Mieter/Eigentümer. In Optimal Energie sparen beim Bauen, Sanieren und Wohnen, Springer Fachmedien Wiesbaden

Ernst & Young GmbH (Hrsg.) (2013): Kosten-Nutzen-Analyse für einen flächendeckenden Einsatz intelligenter Zähler. URL: https://www.bmwi.de/BMWi/Redaktion/PDF/Publikationen/Studien/kosten-nutzen-analyse-fuer-flaechendeckenden-einsatz-intelligenterzaehler,property=pdf,bereich=bmwi2012,sprache=de,rwb=true.pdf (Stand: 18.08.2015)

Fichter, K.; Hintemann, R.; Beucker, S. (2012): Gutachten zum Thema „Green IT - Nachhaltigkeit" für die Enquete-Kommission Internet und digitale Gesellschaft des Deutschen Bundestages. URL: http://www.bmwi.de/Dateien/Green-IT/PDF/green-it-nachhaltigkeit-enquete-kommission-internet-und-digitale-gesellschaft,property=pdf,bereich=green-it,sprache=de,rwb=true.pdf (Stand: 15.07.2015)

Kurtz, R.; Netzband, J.; Albert, Ch.; Hahn, Ch. (Hrsg.) (2008): Smart Metering Umsetzungs-stand und strategische Implikationen für die Energiewirtschaft. URL: https://www.pwc.de/de/energiewirtschaft/assets/studie-smart-metering-final.pdf (Stand: 21.08.2015)

o. V.: Drahtlose Zukunft, in A3ECO, Nr. 06/2014, 22.05.2014, S. 38 URL:https://www.wiso-net.de:443/document/AAA__06530690670790952014052 24%2006606 76106506806937 (Stand: 23.09.2015)

Ladewig, P. (2011): Smart Metering: Kosteneinsparpotenziale für Unternehmen, München, GRIN Verlag, URL: http://www.grin.com/de/e-book/181320/smart-metering-kosteneinsparpotenziale-fuer-unternehmen

o. V.: Eine Million Smart Homes bis 2020, in Industrieanzeiger, Heft 28, 2014, S. 4 URL: https://www.wiso-net.de:443/document/IA__IA33873428 (Stand: 23.09.2015)

o. V.: Smartes Heim, sicheres Haus, in VDI Nachrichten, NR. 29-30, 17.07.2015, S. 1 URL:https://www.wiso-net.de:443/document/VDIN__3FDABB7A5F3A4CD4B41898086A26166D%7CVDIA__3F DABB7A5F3A4CD4B41898086A26166D

Patrizia Deutschland GmbH (Hrsg.) (o. J.): Patrizia Soft House: Zukunft bereits heute le-ben.URL:http://www.patrizia.ag/privatkunden/online-exposes/hamburg-wilhelmsburg-iba/ausstattung-und-technik/ (Stand: 05.08.2015)

Patrizia Deutschland GmbH (Hrsg.) (o. J.): Patrizia Soft House: Zukunft bereits heute le-ben.URL:http://www.patrizia.ag/privatkunden/online-exposes/hamburg-wilhelmsburg-iba/fakten/ (Stand: 05.08.2015)

Patrizia Deutschland GmbH (Hrsg.) (o. J.): Patrizia Soft House: Zukunft bereits heute le-ben.URL:http://www.patrizia.ag/privatkunden/online-exposes/hamburg-wilhelmsburg-iba/galerie/ (Stand: 05.08.2015)

Preisvergleich.de AG (Hrsg.) (2015): Smart Metering: Kritik und Risiko. URL: http://strom.preisvergleich.de/info/14906/smart-metering-vorteile-nachteile/ (Stand: 15.08.2015)

red: Das Stromnetz wird Angriffsziel für Hacker, in Die Presse, 08/2011, S. 7

Reislinger, N. (2014): Nachhaltige Lösungen in der IT und durch IT-Unterstützung, Ham-burg, Band 59, Hamburg Diplomica Verlag GmbH

Saurugg, H. (2011) : Smart Metering und mögliche Auswirkungen auf die nationale Sicherheit. URL: http://www.saurugg.net/wp/wp-content/uploads/2014/10/Smart-Metering-und-m%C3%B6gliche-Auswirkungen-auf-die-nationale-Sicherheit.pdf (Stand 26.07.2015)

Schäfer, C. (2014): Zielkriterien im Smart Metering und die damit verbundenen Anforderungen an die Übertragungstechnologien, München, GRIN Verlag

Schweizer Medieninstitut für Bildung und Kultur (Hrsg.) (2008): Definition: Was ist Sicherheit? URL: http://archiv.educa.ch/de/definition-sicherheit (Stand: 16.08.2015)

Siebold, H.: Gebäudeautomation - Automatisch Energie sparen, in ProFirma, Vol. 12, 04/2009, S. 66-68

Verbraucherzentrale Bundesverband e.V. (Hrsg.) (2014): Wie smart ist der Meter. URL:https://www.verbraucherzentrale-energieberatung.de/140612_Smart_Meter.php (Stand: 20.08.2015)

Schulz/Keystone/Wikipedia.   URL: http://www.tagesspiegel.de/wirtschaft/immobilien/stromrechnung-neue-zaehler-zeigen-den-verbrauch-wie-eine-zapfsaeule/1659602.html (Stand: 20.08.2015)

Schulz/Keystone/Wikipedia   URL: http://www.tagesspiegel.de/wirtschaft/immobilien/stromrechnung-neue-zaehler-zeigen-den-verbrauch-wie-eine-zapfsaeule/1659602.html (Stand: 20.08.2015)

Westermann, D.; Döring, N.; Bretschneider, P. (Hrsg.) (2013): Smart Metering zwischen technischer Herausforderung und gesellschaftlicher Akzeptanz - Interdisziplinärer Status Quo. URL: http://www.db-thueringen.de/servlets/DerivateServlet/Derivate-26540/ilm1-2013100042.pdf (Stand: 17.08.2015)

Juristische Quellen

§ 21c Abs. 1 EnWG

§ 3 Nr. 26 a EnWG

§ 14 Abs. 1 UStG

§ 40 Abs. 3 EnWG

§ 40 Abs. 3 EnWG